¡A jugar!

por Ricky Santos
ilustrado por Joe Cepeda

HOUGHTON MIFFLIN   BOSTON

Printed in Mexico

ISBN 10: 0-618-92956-8
ISBN 13: 978-0-618-92956-6

123456789 RDT 16 15 14 13 12 11 10 09 08 07

Casi era hora del gran partido. Ben y Bonnie preparaban las espinilleras para los jugadores.

—¡Ay, no! —dijo Ben—. Necesitamos 18.

—Tenemos diez minutos antes del partido —dijo Bonnie.

—Tal vez necesitemos sólo las que tienes
—dijo Bonnie—. Nunca estamos todos juntos en
la cancha.

Ben sabía que el entrenador no iba a estar
de acuerdo. —No. Necesitamos espinilleras
para todos.

—Sólo quedan nueve minutos —dijo Bonnie.

Lee • Piensa • Escribe ¿Cuántas espinilleras más necesitan
Ben y Bonnie?

—¡Mira lo que encontré! —gritó Bonnie.

—Eso ayuda —dijo Ben—. Si pudiera
encontrar las otras…

—Tenemos seis minutos —dijo Bonnie.

Lee • Piensa • Escribe ¿Cuántas espinilleras tienen ahora
Ben y Bonnie?

Ben vio a Amanda en el otro equipo.
Corrió hacia ella. —Sé que juegas contra nuestro
equipo —dijo Ben—, pero por favor, ¿tienes
espinilleras de sobra?

    —Toma las que necesites —dijo Amanda.

Lee • Piensa • Escribe ¿Cuántas espinilleras tiene que
pedir prestadas Ben?

—Muchas gracias —dijo Ben y cruzó corriendo la cancha hasta su equipo—. Tengo cuatro más —gritó Ben.

—Sólo quedan dos minutos —dijo Bonnie.

Lee • Piensa • Escribe ¿Cuántas espinilleras tienen Ben y Bonnie en total?

6

¡A jugar! Los jugadores corrieron a la cancha.
Todos llevaban espinilleras. Cuando el partido
terminó, había ganado el equipo de Ben y Bonnie.

Amanda fue a recoger las espinilleras que le
prestó a Ben. —Jugaron un buen partido —dijo
Amanda.

—Eres una muy buena deportista —dijo Ben.

Necesitamos más

Muestra

Visualizar Mira la página 3. Dibuja puntos para mostrar el número de espinilleras que ves.

Comparte

Mira la página 3. Di el número de espinilleras que ves. Di cuántas espinilleras más necesitan los niños para tener 18.

Escribe

Mira la página 3. Escribe una oración numérica. Muestra cuántas espinilleras necesitan los niños, cuántas tienen y la diferencia.